防御性驾驶手册

中国石油集团测井有限公司 编

石油工业出版社

内容提要

本书针对油气田测井射孔等现场作业涉及的交通风险，阐述了防御性驾驶的技巧和方法。本书内容包括中油测井交通安全风险分析、防御性驾驶理论概述、防御性驾驶要领、典型危险驾驶行为的危害与防范要领、道路应急情况的处理要领、车辆的安全检查等，图文并茂、生动易学。

本书适合于测井公司的驾驶员和员工阅读使用，适用于防御性驾驶的培训和学习。

图书在版编目（CIP）数据

防御性驾驶手册 / 中国石油集团测井有限公司编. —北京：石油工业出版社，2024.5
ISBN 978-7-5183-6606-4

Ⅰ.①防⋯ Ⅱ.①中⋯ Ⅲ.①油气测井–射孔–驾驶术–手册 Ⅳ.①TE257-62

中国国家版本馆 CIP 数据核字（2024）第 060806 号

出版发行：石油工业出版社
　　　　（北京安定门外安华里 2 区 1 号楼　100011）
　　　　网　　址：www.petropub.com
　　　　编辑部：(010) 645235553
　　　　图书营销中心：(010) 64523633
经　　销：全国新华书店
印　　刷：北京中石油彩色印刷有限责任公司

2024 年 5 月第 1 版　2024 年 5 月第 1 次印刷
850×1168 毫米　开本：1/32　印张：3.875
字数：90 千字

定价：60.00 元
（如出现印装质量问题，我社图书营销中心负责调换）
版权所有，翻印必究

《防御性驾驶手册》

编 写 组

主　编：陈　宝　周　扬
副主编：冯相君　雷绿银　李　鹏　张柏元　全晓斌
　　　　刘旭春　吴墨瀚　刘甲辰
成　员：（按姓氏笔画排序）

马　晓	马秉峰	王　兵	王世兴	王永刚
王亚东	王光宇	王红涛	王荣谱	王海东
王斯林	牛旭东	牛宏斌	文立峰	邓又俊
艾望希	白雪原	冯树超	邢　军	巩星极
毕海军	朱满宏	刘　波	刘　晗	刘　博
刘君华	刘金峰	刘海涛	许　琦	许先俊
孙善超	李　峰	李　强	李亚辉	李华锋
李香亮	李振霄	辛守涛	汪小军	张升伟
张东明	张永强	张利平	张信勇	张恩鹏
张馨月	陈　辉	陈　豫	陈少华	范　卫
尚小峰	罗庆云	和卫锋	岳志强	周子剑
郑伟群	南喜祥	星学智	侯文平	姜　乔
姜忠朋	胥　召	秦　亮	桂鹏飞	郭　凯
黄　旭	黄孝新	龚光勇	崔式涛	梁绍光
韩　涛	景　阳	曾　帅	鲍文刚	魏　冉
魏鹏杰				

致辞

党委书记、执行董事致辞

中国石油集团测井有限公司（以下简称"中油测井"）国内服务市场覆盖中国石油16个油气田和延长油田等，海外市场覆盖中东、中亚、非洲、美洲、亚太五大区19个国家，点多、面广、战线长，年施工作业10万井次。中油测井安全生产风险主要来源于油气田测井射孔等现场作业涉及的车辆运输、放射性物品使用、民爆物品使用、井筒作业、吊装作业、海上作业和海外社会安全等七个重点风险领域。中油测井现有各类机动车辆2600余台、驾驶员2600余名，年行驶3000余万公里，日均行驶8万公里，平均日在线车辆2000余台。

从风险评估的严重性和后果严重程度来分析，员工日常工作和生活中面临的最大单项风险是交通风险。为了帮助每一名驾驶员和普通员工实现"零"事故驾驶，中油测井编制了有测井特色的《防御性驾驶手册》。希望各位职业驾驶员及非职业驾驶员，都能理解并贯彻中油测井"零"事故驾驶理念，遵守相关交通安全管理规定，并在工作和日常生活中都用好这些防御性驾驶技巧和方法，最终实现"零事故"目标。

让我们每一名中油测井的员工都成为"零"事故驾驶的践行者、守护者，持续降低中油测井交通安全风险。

安全承诺

本人承诺：

作为中油测井的驾驶人员，认真学习并严格遵守《防御性驾驶手册》的要求，践行"零"事故驾驶理念，做一名合格的防御性驾驶员。

签名：_____

日期：_____

目 录

第一章　交通安全现状 / 1

　　一、国内外道路交通安全现状 / 1

　　二、中油测井交通安全形势 / 2

第二章　中油测井交通安全风险分析 / 4

　　一、驾驶人风险 / 4

　　二、车辆风险 / 5

　　三、道路风险 / 6

　　四、环境风险 / 16

第三章　防御性驾驶理论概述 / 20

　　一、防御性驾驶定义 / 20

　　二、防御性驾驶"1-3-5 理论体系" / 22

　　三、一个态度 / 22

　　四、三个过程 / 23

　　五、五大原则 / 26

第四章　防御性驾驶要领 / 43

一、十大通用操作要领 / 43

二、六大不良天气驾驶要领 / 62

三、五大特殊路段驾驶要领 / 80

第五章　典型危险驾驶行为的危害与防范要领 / 88

一、分心驾驶的危害与防范要领 / 88

二、疲劳驾驶的危害与防范要领 / 90

三、酒后驾驶的危害与防范要领 / 92

四、药物驾驶的危害与防范要领 / 93

五、路怒的危害与防范要领 / 95

第六章　道路应急情况的处理要领 / 97

一、事故后的正确流程处理要领 / 97

二、爆胎后的紧急处理要领 / 98

三、行人、非机动车和动物突然侵入的处理要领 / 99

四、其他车辆突然侵入后的处理要领 / 100

五、车辆打滑、侧滑的应急处理要领 / 101

六、刹车失灵后的应急处理要领 / 102

七、落水、落沟和翻车的应急处理要领 / 103

第七章　车辆的安全检查 / 107

一、出车前的车辆（车周、车身和机舱）检查要领 / 107

二、出车前安全带及座舱内安全检查要领 / 109

附表　中油测井车辆限速规定［2022］147号 / 111

第一章　交通安全现状

一、国内外道路交通安全现状

据世界卫生组织《2023年道路安全全球现状报告》显示，2021年全球约有119万人死于道路交通事故，并使2000万至5000万人受伤；如果以全球人口80亿来计算，每年因为道路交通受伤的人数比例最高可达1/160，也就是说全球每年平均160人中就有一个人因为道路交通事故而受伤。据国家统计局统计，2021年我国交通事故死亡人数达到了62218人，同年我国生产安全事故共死亡26307人，交通事故是生产安全事故死亡人数的2~3倍。并且根据世界卫生组织2020年公布的《全球卫生估计》显示，交通事故的死亡人数排名在2000—2019年间一直处于全球前十位左右。图1-1为2000—2019年全球前十大死亡原因，

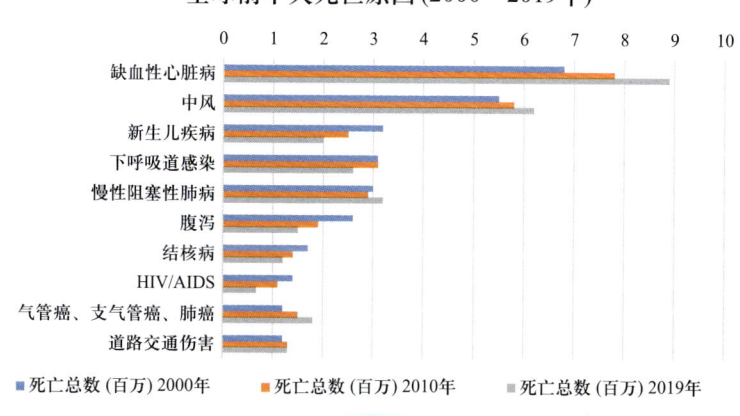

图 1-1

图 1-2 为 2017 年中国人十大折损寿命原因❶，从图 1-1 和图 1-2 及国家统计局数据可以看出，道路交通事故成为除疾病外人类最大的死亡原因，交通事故死亡人数远远大于其他类型生产安全事故。

图 1-2

二、中油测井交通安全形势

中油测井安全生产风险主要来源于油气田测井射孔等现场作业涉及的车辆运输、放射性物品使用、民爆物品使用、井筒作业、吊

---

❶ 数据来源：Maigeng Zhou, Haidong Wang, et al.（2019.06）. Mortality, morbidity, and risk factors in China and its provinces, 1990-2017: a systematic analysis for the Global Burden of Disease Study 2017.The Lancet.

装作业、海上作业和海外社会安全七个重点风险领域。基于过往的事故事件及风险辨识评估，中油测井将放射性物品、民爆物品、交通、井控、吊装、海上作业和海外社会安全列为七大重点管控风险。

中油测井在 2018—2022 年，共发生生产安全事故 22 起（表 1-1），造成死亡 4 人、重伤 2 人、轻伤 10 人，其中死亡和重伤均为交通事故，交通事故死亡人数占比 100%（图 1-3）。

▶表 1-1◀

中油测井 2018—2022 年生产安全事故数量及死亡人数统计表		
年份	事故数量	死亡人数（全部为交通事故）
2018	6	
2019	7	2
2020	3	
2021	2	1
2022	4	1
合计	22	4

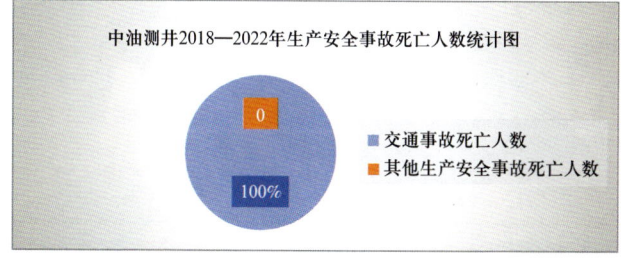

图 1-3

第二章 中油测井交通安全风险分析

一、驾驶人风险

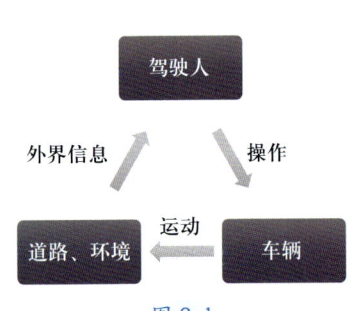

图 2-1

在交通事故三要素（图 2-1）中，最大的风险因素就是人的因素。据美国国家公路安全管理局（National Highway Traffic Safety Administration，NHTSA）统计，在所有的交通事故中，由于驾驶员人为失误造成的事故占比达到 94% 左右，因此驾驶员本身的心理、身体因素和不良驾驶行为是驾驶中的主要风险。中油测井年均行驶 3600 万公里，单车年均行驶 1.4 万公里，因此每一个坐在方向盘后的驾驶员都是中油测井交通安全第一责任人（图 2-2）。

图 2-2

中油测井驾驶员的常见风险因素包括：
（1）疲劳驾驶；
（2）分心驾驶（内部分心、外部分心）；
（3）车距保持不足；
（4）不让行；
（5）对其他道路使用者预判不足；
（6）不同路段速度控制不良（弯道、路口等）；
（7）观察不足（对车身周围观察不足、内外部盲区等）；
（8）酒驾和药物驾驶。

二、车辆风险

测井专业的作业车辆主要包括一体化测井车、测井工程车、特种车等（图2-3、表2-1）。每种车辆都有其固有的风险因素，主要包括：

（1）作业车辆普遍重心较高，在山路、弯道、急打方向和遇到横风时易造成翻车事故。

图 2-3

（2）作业车辆盲区范围较大，特别是起步、转弯和倒车时易导致盲区内行人和其他车辆的伤害。

（3）作业车辆车身较重，刹车距离较长，对跟车距离要求更远，跟车距离不足易造成追尾事故；同时由于车身较重，发生碰撞的冲击力更大，更易导致人身伤亡事故。

（4）作业车辆在长下坡路段易造成刹车过热、刹车失灵。

（5）作业车辆的车速较慢，在变道超车时，超车距离更长。

▶表2-1◀

1	一体化测井车	仪器车	测井、射孔等一体化仪器车辆
2	测井工程车	工程车	测井、射孔等工程车辆
3	特种车	特—民爆 特—放射 特—起重车 特—井架	民爆物品运输车、放射性物品运输车、危险货物运输车、吊车、井架车、高空作业车等

三、道路风险

（一）主要道路特点及事故风险

中油测井的作业区域路况类型多样，从高速公路到乡村油路，从沙漠公路到海岸公路，几乎覆盖国内外各种道路。其中，事故风险较高的道路因素包括：

（1）国道车流量密集，大型半挂拉货车多、速度快、强超抢会严重；小型机动车、农用车和非机动车较多（图2-4），交通状况复杂、路面坑洼不平、扬尘较多、交通安全信号设施不全或损坏、平面交叉路口多、无提示和指挥信号等现象，导致驾驶人行车难度加大，行车安全系数降低。

图 2-4

（2）乡村道路的路况通常较差，路面窄、坡陡、弯道半径小、路面不平，只能满足小型车、农用车等通行需求；乡村道路行驶的车辆也多为农用车辆，且农用车驾驶人部分未取得合法驾驶证件、缺乏交通安全意识，极易出现超载、超速、人货混载等违法通行现象；乡村油路、水泥路的路面窄、路基松软、路基下面水掏空严重（图 2-5）；道路弯多、弯急，以及路边民房建筑、村庄围墙、茂盛树木影响驾驶员视野，容易发生事故。

（3）乡镇道路等级低、通行条件差、交通安全设施缺乏、通行工具安全系数低；街道岔路口多、路面窄、车辆混杂、人员聚集、集市摆摊设点占道严重、交通安全意识淡薄；道路拥堵、家禽牲畜出没、周边环境恶劣，易引发行车事故。

（4）高速公路路况好、距离远、车速高、车流量大（图 2-6），同时存在超速行驶、疲劳驾驶；高速收费站出入口大型车辆拥堵，不按顺序排队，插队通行现象严重。

图 2-5

图 2-6

（5）钻前路路基松软，弯道急、坡度陡、路面窄，会车错车困难（图 2-7），雨雪天气路面湿滑，行车危险系数增大。

图 2-7

(二)长庆地区道路特点及事故风险

长庆地区地处黄土高原和鄂尔多斯盆地,沟壑纵横、土质松软。道路具有以下特点:路窄、坡陡、弯急;非铺装路面较多,多为黄土路面、沙石路面、碎石路面、石板路面;夏季雨后泥泞湿滑(图 2-8),路面容易塌陷,冬季雪后路面打滑严重。

陇东、定边、靖边、延安地区山路长下坡刹车失灵风险较大(图 2-9),山路行驶与社会车辆或油田作业车辆会车时风险较大,因路基松软或躲避其他车辆导致的坠崖风险较大,雨季和雪季因路面湿滑导致的侧滑失控风险较大。碎石路面导致轮胎划伤引发爆胎后,导致车辆失控的风险较大。

榆林、乌审旗地区地处毛乌素沙漠,道路空旷笔直、视线较好、路基松软(图 2-10)。油区道路窄,需要在会车点进行会车。运输煤炭、危险品、普通货物的大货车较多。部分路段道路两侧有村庄、集市,交通状况复杂,道路上有牛羊等牲畜。

图 2-8

图 2-9

笔直空旷路段易导致疲劳驾驶，引发事故概率较大；路基松软导致翻车事故风险增大；第三方导致的事故风险较大。油区路段抢行、不让行的现象普遍。村镇路段，两轮车和三轮车较多且违法行车现象普遍。

图 2-10

(三) 西南地区道路特点及事故风险

西南地区地处四川盆地及云贵高原地区边缘地带,属于山地丘陵地貌。山高沟深、道路比较狭窄(图 2-11),坡陡、回头弯道多。山区道路塌方、落石较多。井区道路山路、乡村道路较多,民居临路而建,道路交通复杂,各类交通参与者多。长宁区块海拔高、温差大,冬季存在因路面结冰导致的侧滑或车辆失控的风险。

图 2-11

(四)新疆地区道路特点及事故风险

新疆地区地处塔里木盆地、准噶尔盆地和吐鲁番盆地,夏季炎热、冬季寒冷。作业道路多为沙漠公路、油区公路、砂土路。公路笔直,路基两侧景物单调(图 2-12)。大型货车较多,春季风沙大,夏季游客较多,冬季大风、大雪天气较多。

图 2-12

长途驾驶容易因为疲劳导致事故(图 2-13),受第三方车辆影响导致的事故风险较大,大风天气导致车辆侧翻风险较大,雪后路

图 2-13

面结冰导致侧滑风险较大,雪后看不清路面导致驶下路基的侧翻事故风险较大。

(五)青海地区道路特点及事故风险

青海地区地处青藏高原柴达木盆地西部,海拔高,路况差,道路狭窄。

山路特点:海拔高,非铺装路面较多,沟壑纵横、坡陡弯急,颠簸路面易导致车辆损坏(图2-14)。存在因供氧不足、驾驶员疲劳驾驶的风险,以及车辆侧滑、陷车的风险。

图 2-14

油区道路特点:315国道两侧无参照物,直道较多,道路两侧景物单调(图2-15),驾驶员易疲劳。每年6—9月为旅游季节高峰期,车流量大。疲劳驾驶及第三方因素导致的事故较多。

盐碱路特点:早晚时段易返潮,路面湿滑(图2-16),存在侧滑及路面容易塌陷导致陷车的风险。

沙地路面特点:土质松软,雨雪天气存在车辆侧滑的风险。

南翼山油田矿区道路特点:40公里的路面坑洼、崎岖不平。对车辆减震系统影响较大,引发车辆底盘设备损坏的风险较大。

图 2-15

图 2-16

（六）东北地区道路特点及事故风险

东北地区地处东北平原，道路平坦，冬季寒冷，雪后路面易结冰，侧滑风险较大（图 2-17）。夏季沼泽道路多，路面泥泞松软湿滑，井区在路面铺设钢板划伤轮胎风险较大。

图 2-17

(七) 华北地区道路特点及事故风险

华北地区地处华北平原（图 2-18），夏季炎热多雨，冬季气温较低，会出现浓雾、降雪等恶劣天气。京津冀地区经济发达，交通流量大，大型货车较多，大型危险品运输车辆较多（图 2-19）。存在大雾视线不清，雪后侧滑，车流量密度大的风险。

图 2-18

图 2-19

四、环境风险

中油测井的国内作业区域，从中国最北的黑龙江到最南的海南岛，从最东的渤海湾到最西的新疆国境线，从海拔最低的渤海海平面到最高的青海花土沟，从气温最低的东北黑龙江到地表温度最高的吐鲁番，环境因素复杂（图 2-20），人文特点也各不相同，主要包含如下环境风险因素。

图 2-20

（一）作业环境风险

（1）部分油区道路没有交通标示、标志。

（2）很多分公司附近道路，上下班期间车流量较大，容易造成交通拥堵，部分路段有集市、学校等场所，车辆人员密集（图2-21）。

图 2-21

（二）地域气候风险

（1）冬季时北方地区多冰雪（图2-22），车辆易打滑失控。

（2）夏季大部分地区天气炎热，新疆部分地区（图2-23）气温可达50℃以上，存在车辆发动机过热、爆胎等风险。

（3）东部地区春秋季易产生大雾及雾霾天气，易产生追尾和其他碰撞风险。

（4）西南地区多雨天，易产生车辆涉水、打滑和翻车风险。

（三）人文风险

（1）不同地区驾驶员安全意识参差不齐，有不遵守交通规则和激进驾驶现象,图2-24为某路段大型货车驾驶员不规范变道行为。

图2-22

图2-23

(2)乡村道路参与者安全意识淡薄,违法、违规事件频发。

(3)部分区域人车混杂,老人、小孩安全知识欠缺,交通安全意识薄弱,存在随意穿越马路、随意占道的现象(图2-25)。

图 2-24

图 2-25

第三章 防御性驾驶理论概述

一、防御性驾驶定义

防御性驾驶始于 20 世纪 50 年代的美国,第一次防御性驾驶培训(Defensive Driving Trainning,DDT)是美国国家安全委员会(National Safety Council)于 1964 年开展的,迄今在全世界已经开展了 50 多年。

现在绝大多数的世界 500 强企业均开展了防御性驾驶培训,迄今已有上千万人通过线上线下等各种方式进行了防御性驾驶培训(图 3-1、图 3-2)。

图 3-1

防御性驾驶培训最早是由外资石油石化企业带入中国的,主要始于中国海油和外资油田的合资公司,如康菲、雪佛龙和壳牌等。现在,化工、交通运输、制造、银行金融等各行各业越来越多的企业开展了防御性驾驶培训。

第三章 防御性驾驶理论概述

图 3-2

防御性驾驶是通过发现周围道路环境变化和其他道路使用者的行为趋势变化，来预判风险并采取正确措施规避风险，从而能更安全驾驶车辆的理念和方法。按照美国国家标准 ANSI/ASSE Z15.1（图 3-3），防御性驾驶的定义是：

Defensive Driving：

Driving to save lives, time and money, in spite of the conditions around the vehicle and/or the actions of others.

图 3-3

防御性驾驶是在无法控制周围环境及其他交通参与者行为的情形下，保障生命、时间和金钱的驾驶方法。

二、防御性驾驶"1-3-5 理论体系"

防御性驾驶"1-3-5 理论体系"指一个态度、三个过程、五大原则（图 3-4）。

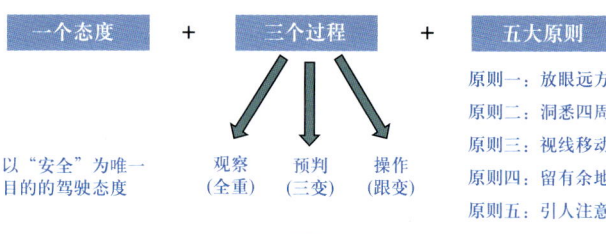

图 3-4

三、一个态度

防御性驾驶态度和普通驾驶态度的对比：

普通驾驶态度

别人技术都不如我，用熟练操控能力来理解驾驶技术，以赶时间、完成任务为驾驶目的，分对错和应该，路怒心理、侥幸心理，我过去没出过事，未来也不会出事，技术好就可以打电话驾驶。

防御性驾驶态度

别人技术不好，我更要防御他们，以风险感知和预判能力来理解驾驶技术，专注过程，以"安全"为唯一驾驶目的，不分对错和应该，保持平和心态、空杯心态，持续改进安全驾驶能力，吃别人堑长自己智，不分心驾驶，不受其他人和事影响（图 3-5）。

四、三个过程

观察：前方、后方、两侧车辆和其他道路参与者的行为，以及前方路面的情况。

预判：前方、后方、两侧车辆和其他道路参与者的动态可能引发的风险，以及前方路面状况可能产生的风险。

操作：控制车辆减速、停车、绕行、躲避或加速离开。

例1：乡村道路被超车过程。

观察：后视镜发现有辆车要超越我车（图3-6）。

图 3-5

图 3-6

预判：在后车超越我车的过程中有与对向车辆发生碰撞的风险或突然并入车道，影响我方车辆的安全行驶（图3-7）。

图 3-7

操作：当对面无车的时候，让速不让道，与前车拉开安全距离，示意后车超越我车（图3-8）。

图 3-8

例2：路边车辆驶入主路过程。

观察：驾驶员通过扫视前方，观察到右前方出租车将要驶入主路（图3-9）。

图 3-9

预判：出租车不会让行（图3-10）。

图 3-10

操作：在确保后方车辆安全的状态下，车辆应该减速，让出租车先行（图3-11）。

图 3-11

五、五大原则

（一）放眼远方

划分三个区域（图 3-12）：
（1）绿色安全区域（预警区）；
（2）黄色中间区域（主动反应区）；
（3）红色危险区域（被动反应区）。

绿色安全区域（预警区）是车辆在 15 秒以后将要到达的区域，是驾驶员视野尽头所能看到的区域。驾驶员视野在此区域内可以及早发现并准确辨别风险，提前做好行动计划，调整驾驶行为，主动寻找无障碍、安全的行车路线，平稳而安全地避开风险。

黄色中间区域（主动反应区）是车辆在 6～15 秒将要到达的区域，驾驶员视野范围在此区域内能够清楚辨别风险，且有足够的时间主动采取措施，调整驾驶行为以化解风险。

图 3-12

红色危险区域（被动反应区）是车辆在 4～6 秒将要到达的区域。如果驾驶员视野只局限于此区域，则无法发觉前方可能突发事件的预兆，风险很难提前发现，在出现风险时，只能被动地与前车联动操作。

当驾驶员视线受阻时，主动通过降速、改变位置等，让目光保持 15 秒的视线距离（图 3-13）。

图 3-13

车距太近，则会造成驾驶员视距受阻（图3-14），需改变位置，拉大视距（图3-15）。

图 3-14

图 3-15

（二）洞悉四周

要了解车身周围360度的空间。

车辆在行驶过程中,驾驶员由于车辆本身设计,会存在内部盲区及外部盲区。

内部盲区是驾驶员视野范围内,被两侧后视镜、车辆A柱、前面板等物体阻挡,无法直接观察到的区域。

内部盲区共有5个,图3-16为盲区示意图。

5个盲区包括车辆前部盲区(图3-17)、两侧A柱及镜后盲区(图3-18)、两侧后视镜盲区(图3-19和图3-20)、正后方盲区(图3-21)。

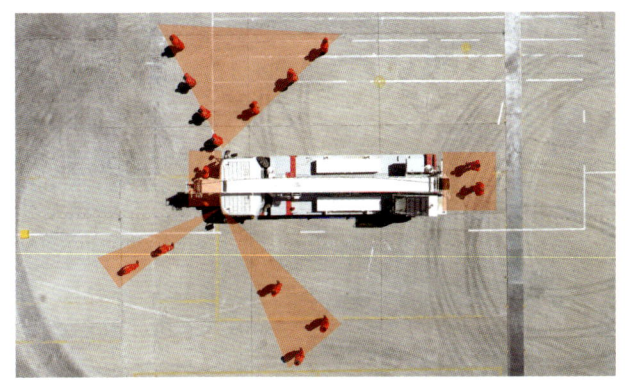

图3-16

图3-17

图 3-18

图 3-19

图 3-20

图 3-21

右侧内轮差如图 3-22 所示，车辆右转弯时，前轮转弯半径较小，后轮转弯半径较大，会产生右侧内轮差，如果只是注意到前轮而忽视了内轮差，后轮就会超出道路边缘线，对右侧车辆及非机动车的行驶路线造成影响（图 3-23）。

图 3-22

外部盲区是指在道路上被其他物体阻挡的、无法看到的区域，外部盲区分为静态盲区和动态盲区。

图 3-23

静态盲区是指车辆在行驶过程中,驾驶员视野有可能被路边树木、建筑物等遮挡,驾驶员视线要不断移动,寻找盲区内可能存在的风险,同时采取正确的措施来避免风险(图 3-24)。

图 3-24

动态盲区是指车辆在行驶过程中,驾驶员视野被正在移动的车辆所阻挡,产生盲区(图 3-25),当驾驶员无法了解盲区内的情况时,应预判到可能存在的风险,提前采取正确的措施避免风险。

图 3-25

如图 3-26 和图 3-27 所示，大型车辆正在排队通行，此时驾驶员视线被前方对向车辆阻挡，产生外部动态盲区，驾驶员无法观察到左侧道路旁的情况，应预判到有可能会有行人或非机动车辆突然在大型车辆后部出现，驾驶员应扫视前方路面，随时做好刹车准备，当风险出现时，能够及时避免。

图 3-26

图 3-27

减速、刹车前,要通过后视镜了解后方车辆的情况。

如图 3-28 和图 3-29 所示,车辆在减速过程中,由于车身对后方车辆驾驶员视线的阻挡,驾驶员无法了解前方道路的实际情况,若后方车辆跟车距离过近,很容易因为反应不及与前车发生追尾事故。为了避免此类事故的发生,车辆减速、刹车前,应注意两侧后视镜,及时了解后方车辆的情况,为其留出时间和空间。

图 3-28

图 3-29

（三）视线移动

驾驶是一个动态的过程，周围的道路及道路使用者时刻在发生变化，且 45% 以上的风险来自后方和侧后方。因此，驾驶员的观察必须要做到周期性和持续性，持续扫视前方路面情况，同时要通过三区域周期性观察法（图 3-30、图 3-31），每 5~8 秒周期性查看三面后视镜（图 3-32 和图 3-33），观察车身周围 360 度的范围，当前方或车辆后方风险出现时，能够及时做出反应。

如图 3-34 所示，前方路面较复杂，驾驶员无法确定其他道路交通参与者的行为，因此驾驶员视线应不断扫视路面，预判所有可能发生的风险。当风险来临时如果不能及时发现，驾驶员将没有时间对道路环境的改变做出正确的反应。

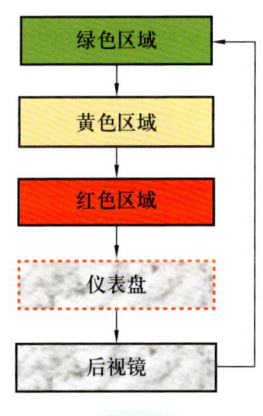

图 3-30

图 3-31

图 3-32

不凝视一个目标超过 2 秒。

如图 3-35 所示，当车辆行驶至每小时 80 公里时，每秒行驶的距离为 22 米，若驾驶员紧盯某个建筑物或目标超过 2 秒，驾驶员的视线将脱离路面。因此驾驶车辆过程中，驾驶员的视线要不断扫视，避免凝视。

图 3-33

图 3-34

图 3-35

(四)留有余地

驾驶车辆过程中,要时刻保持安全驾驶空间。

安全驾驶空间是指车辆周围360度的范围(图3-36),能够帮助驾驶员预防危险及防止道路上的其他车辆和行人影响驾驶员的安全驾驶区域,驾驶员应保持警觉并维持自己的安全驾驶空间。

(1)与前车保持6~8秒的跟车距离。

如图3-37和图3-38所示,驾驶车辆过程中,应与前车保持

图3-36

图3-37

6～8秒的安全距离，当前车通过某一个标志物时，利用读秒法测算车距，无论车速发生任何变化，驾驶员都应该保证6～8秒以后到达标志物处，并且保持视线能够望向前方15秒距离，若前方出现紧急情况，驾驶员能够有足够空间及时间采取正确的措施。

图 3-38

（2）保证车辆两侧的安全驾驶空间，不与其他车辆并排行驶。

如图3-39、图3-40和图3-41所示，驾驶车辆过程中，通过周期性对后视镜的观察，若发现其他车辆并排行驶，驾驶员要减

图 3-39

速、鼓励对方超车，保持两侧的安全驾驶空间。

图 3-40

图 3-41

（3）停车时要与前方车辆保持安全距离。

如图 3-42 所示，等红灯时若与前车距离过近，驾驶员的操作将被动地与前车操作联动，当前车遇突发情况不能移动时，无法快速驶离。与前车保持安全距离，驾驶员遇到前方车辆及道路变化时，可以通过两侧车道尽快驶离，避免风险。

图 3-42

（五）引人注意

车辆行驶时，驾驶员必须通过灯光、喇叭或目光等方式，使即将通过的行人、自行车、电动车和汽车等能够看到驾驶员，直到他们采取措施，有明显减速或躲避的行动，才能安全通过，同时与其他道路交通参与者建立视觉接触。如果驾驶员不确定可以安全驶过，切勿轻易行驶，要把握合适的行驶时机，不要抢时间，车祸就在瞬息之间。

引人注意的方式包括：

（1）眼神沟通（别人并不知道你的意图，要从其他道路使用者的反馈或应答确认自己的行为）。

（2）通过鸣笛、灯光等方式提示。如图 3-43 和图 3-44 所示，当前方遇到行人或非机动车时，不要想当然地认为他们能够看到你，提前使用车辆信号装置，如喇叭、灯光等，引起他们的注意，让他们知道你的存在。

图 3-43

图 3-44

第四章　防御性驾驶要领

一　十大通用操作要领

（一）起步的操作要领

车库、停车场、路边停车位起步应遵循以下步骤：
（1）上车前需先逆时针（俯瞰视角）绕车查看（图4-1）。

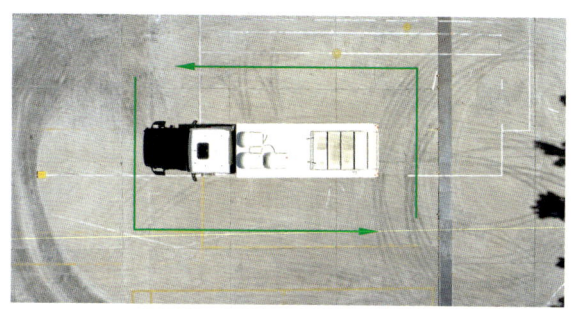

图 4-1

（2）需查看车辆轮胎、周围障碍物及车底障碍物（图4-2）。

图 4-2

43

（3）上车后驾驶员先系好安全带，然后回头要求其他乘客系好安全带（图4-3）。

图4-3

（4）探身看车辆左前下侧（图4-4）。

图4-4

（5）扭头看左后方来车方向（图4-5）。
（6）观察左、右后视镜及前部照地镜（图4-6）。
（7）确认安全后，开启左转向灯至少亮3秒（图4-7）。

图 4-5

图 4-6

图 4-7

（8）鸣笛（图4-8）。

图4-8

（9）挂低速挡（图4-9）。

图4-9

（10）松开驻车制动（图4-10）。

（11）再次观察左、右后视镜及前照地镜（最后确认车辆前部无人），平稳起步（图4-11）。

图 4-10

图 4-11

(二) 直线行驶的操作要领

车辆直线行驶的操作要领如下:

(1) 驾驶员在城市道路行驶,目光引导到 15 秒以外或至少 1.5～2 个街区。

（2）弯道处看到弯道极限位置。

（3）高速公路看到30秒外的空间（图4-12）。

图4-12

（4）驾驶员目光在路面上左右扫视，还应注视自己的车道，并注意到两侧车道及路旁风险。

（5）不凝视任何目标超过2秒（图4-13）。

图4-13

（三）变道、超车的操作要领

（1）以下场景不能超车：

① 弯道处、隧道内、桥梁上；

② 十字路口处；

③ 上坡和下坡路段；

④ 路边有行人和两轮车时；

⑤ 道路交通法规中所规定的不得超车的场景。

（2）变道超车遵循以下步骤：

① 观察前方必须有 60 秒以上的直道空间，并且有可供超车的车道（图 4-14）；

图 4-14

② 前后车辆安全空间至少大于 3 秒时，才能开始超车（图 4-15）；

③ 观察两侧后视镜；

④ 打转向灯；

⑤ 再次观察变道侧后视镜，转向灯闪至少 3 秒（高速公路 5 秒以上）；

⑥ 缓打方向，以现有速度或轻微加速变道；

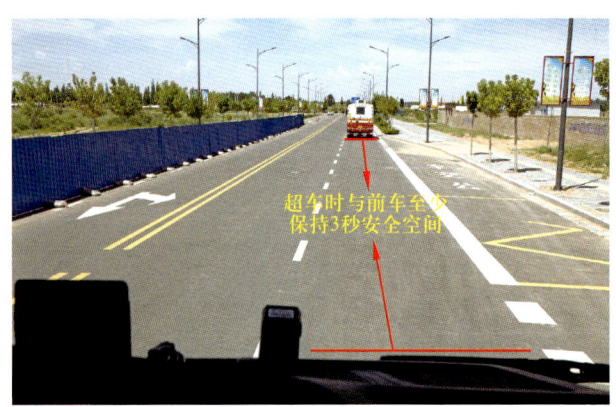

图 4-15

⑦ 超车过程中，需要远近光交替和喇叭提醒被超车辆；

⑧ 超车后，查看后视镜，在后视镜看到被超车辆完整车头（约超过被超车辆 4 秒），打转向灯至少 3 秒后，缓打方向回到车道；

⑨ 关闭转向灯，重新保持好前后车距。

图 4-16 为变道超车示意图。

图 4-16

（四）通过十字路口的操作要领

图 4-17 为十字路口现场。

车辆通过十字路口的操作要领如下：

（1）在有红绿灯的路口，驾驶员提前6秒（或80～100米）减速，然后目光开始扫视路口两侧，并依据红绿灯状况决定是否通过（到达路口还剩3秒绿灯时不过）。

图 4-17

（2）在靠近十字路口后，需左、右、左三次观察十字路口。

（3）如果排队在路口第一位，绿灯亮起后，左右左观察，心里默数 1-2-3 再过，路口内不超越其他车辆。

（4）在没有红绿灯的十字路口，应让右侧车辆先行；在有"停车让行"标志的路口，让其他方向车辆先行。

（五）左转弯的操作要领

车辆左转弯遵循以下操作步骤：

（1）转弯前提前至少6秒打转向灯（图4-18）。

（2）观察左侧后视镜（图4-19）。

（3）进弯逐步减速到每小时15公里以下。

（4）进弯前再次检查左侧后视镜及车前部盲区球镜，并探身查看左侧A柱及镜后盲区（图4-20）。

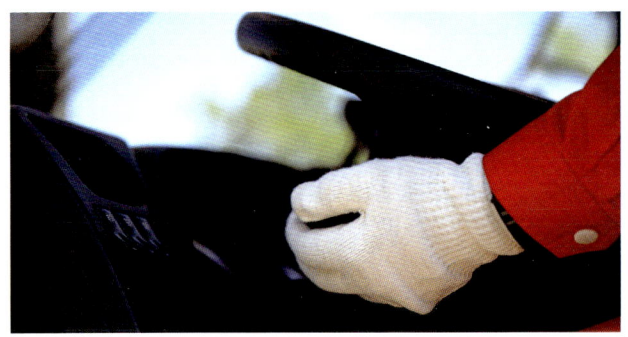

图 4-18

图 4-19

图 4-20

(5)遇到行人或两轮车,应停车让行(图4-21)。

图4-21

(6)左转矩形大弯,进入相应的车道(图4-22)。

图4-22

(六)右转弯的操作要领

车辆右转弯遵循以下操作步骤:

（1）转弯前提前至少6秒打转向灯（图4-23），并观察右侧后视镜。

图4-23

（2）提醒押车人员，协助查看右侧盲区情况（图4-24）。

图4-24

（3）进弯逐步减速到每小时15公里以下。
（4）进弯前再次检查右侧后视镜，探身查看右侧A柱及镜后盲区（图4-25）。

图 4-25

（5）押车人员告知安全后，缓打方向转弯，遇到行人或两轮车，应停车让行（图 4-26）。

图 4-26

（6）右转应注意控制好右侧后轮轨迹，确保不会压到路肩或其他行人（图 4-27）。

图 4-27

（七）进入主道的操作要领

车辆进入主道的操作要领如下：

（1）进入主道前，提前查看左侧后视镜及盲区镜，查看主路行驶车辆，如有车辆应让行（图 4-28）。

图 4-28

（2）提前打开转向灯，确认安全后，保持车道不变，在加速车道中将车速逐步加到每小时 60 公里以上（图 4-29）。

图 4-29

（3）再次查看后视镜及盲区镜，确认安全后缓打方向，进入主路（图 4-30）。

图 4-30

（八）减速停车、排队的操作要领

通过观察前方 6～15 秒的空间，发现需要减速停车时（红绿灯、其他临时停车时），快速查看左、右后视镜，确定没有风险后，缓慢减速；避免有急减速现象（图 4-31）。

图 4-31

在车流中排队时,和前车的最近距离至少保持 4~5 米(眼睛可以看到前车完整的后轮与地面接触点),保证车辆在遇到风险时能够有足够的逃生空间(图 4-32)。

图 4-32

(九)倒车的操作要领

大型车辆尽量减少倒车,倒车前先问自己以下几个问题:

问题1：能不能不倒车？

问题2：能不能让其他车辆倒车？

问题3：此时倒车最大的风险是什么？

如果倒车，遵循如下步骤：

（1）专人在车外指挥，专人站在安全并能被驾驶员看到的位置，手势清晰（图4-33和图4-34）。

图4-33

图4-34

(2)放下驾驶室两边窗户(图4-35)。

(3)打开双闪并鸣笛,如果有倒车影像应再次确认倒车影像(图4-36、图4-37)。

(4)缓慢倒车,发现风险立即停车(图4-38)。

图 4-35

图 4-36

图 4-37

图 4-38

（十）保持正确车速的操作要领

不超过道路限速值；依据路况（直道、弯道、路口）、车流量、天气和视距控制合理车速；急弯道车速不超过每小时 15 公里，视距变短则车速相应降低，需满足 15 秒视距（图 4-39、图 4-40）。

图 4-39

图 4-40

二、六大不良天气驾驶要领

（一）雨天和泥泞积水道路驾驶要领

在雨天和积水泥泞道路中驾驶（图 4-41），行车视线受阻，道路状况变差，往往出现平时道路上从未出现过的、不可预见的异常情况，驾驶员要提前做以下准备工作：

（1）了解道路和天气状况。

图 4-41

（2）根据可能遇到的天气状况给车辆配备合适的轮胎、电筒、食物及饮用水等，重点检查雨刷器（图 4-42）。

图 4-42

（3）配备好应急设备（铁锹、拖车绳、求救通信设备等）。

雨天驾驶要领：

（1）突降暴雨要沉着应对。

当暴雨来临之际，驾驶员要能够沉着镇静，有条不紊地按照规程操作车辆。

降低车速，谨慎驾驶，避免急踩刹车或猛打方向而出现车辆侧滑的情况，并尽快选择安全地点停车。

（2）雨天车灯的使用：

① 雨天行车可以开启空调或暖风的鼓风机，吹散挡风玻璃内表面的水雾；

② 开启刮水器，刮除挡风玻璃外表面的雨水；

③ 开启汽车的前示位灯和后示位灯；

④ 雨天在路边临时停车时，要开启危险报警闪光灯。

（3）雨天泥泞路面制动和转向的使用：

① 泥泞路面驾驶应当降低车速，选择变速器合适的挡位；

② 要尽量避免使用紧急制动。转向要柔和，转向盘的转动要早打、慢打、慢回，不可突然猛转转向盘，以免发生车身的侧滑现象。

汽车涉水防御性驾驶要领：汽车涉水驾驶时，由于水的浮力和润滑作用会使车轮与地面的附着力变小，车辆行驶的稳定性变差，车轮容易发生空转和侧滑；积水会增大汽车的行驶阻力；汽车行驶中溅起的水波会引起汽车电器设备短路或失效，同时也会造成驾驶员视线上的误差；对水底的路面情况也难以观察。

为了安全通过积水路段，驾驶员要注意以下事项：

（1）注意观察积水的深度。

雨季特别是暴雨天气，低洼路段、立交桥下、隧道等处会存有积水。遇到面积大、水位深的积水，不可贸然通过，一是观察其他车辆能否通过，二是选择绕行路线，如图4-43所示。

图4-43

（2）防止发动机熄火。

汽车涉水的基本要求是调高发动机的转速，降低车速，以避免发动机熄火及减小水面的波动，要充分考虑积水深度，严禁冒险涉水。

（3）不要尾随前车过近。

汽车涉水时，不要尾随前车过近，与对面来车的横向间距也应该适当增大，以免水波激荡，造成高压线漏电而导致发动机熄火，如图4-44所示。

（4）目光不应总是盯着水面。

车辆在通过积水路段时，有本车荡起的水面波纹，还有迎面车辆荡起的水面波纹。由于水面波纹的波动方向不同，如果驾驶员的目光总是盯着水面，对车辆的实际动态判断有可能出现失误，还有可能引起驾驶员的眩晕，从而导致对车辆的不当操作（图4-45）。

图 4-44

图 4-45

（5）涉水之后检验制动效能。

汽车在涉水过程中制动器有可能浸入泥水，从积水中驶出之后，要使用低速挡行驶一段路程，在踩下加速踏板的同时间断踩下制动踏板，以便排出制动器中的泥水，确认制动效能恢复之后，才能转入正常车速行驶。

此外，汽车在通过积水路段时，水的冲击作用有可能会使车辆号牌脱落，所以，涉水之后要检查车辆的前后号牌是否丢失。

（二）雾天驾驶要领

雾天车外能见度低，车窗冷凝水汽，从驾驶室向外观看的视线差。冬季有雾时，地面还会潮湿或结霜，影响汽车的制动性能。如果是雾霾天气，往往分布面积大，持续时间长。

（1）保持挡风玻璃的清洁。

雾天行车要把挡风玻璃和车窗玻璃擦拭干净，若玻璃上有尘土，很容易凝结水汽，使视线更加模糊（图4-46）。浓雾中行车可间歇使用刮水器，以便刮除挡风玻璃上凝结的小水珠。

图 4-46

（2）控制车速。

雾天驾驶汽车的车速，要根据能见度来确定（图4-47）。能见度小于200米且大于或等于100米时，车速不超过每小时40公里；小于100米且大于或等于50米时，车速不超过每小时20公里，并应寻找出口离开道路，选择安全位置停车，待雾消退或减轻后再继续上路行驶。

图 4-47

（3）注意行车路线。

雾天由于视线不良，许多驾驶员会在行驶路线上发生偏差。一些驾驶员为了防止会车时与对面来车相撞而靠向道路右侧行驶；有些驾驶员为了防止与同向的自行车相撞而靠向道路左侧行驶，这些做法都会增加雾天行车的危险性。应该按照规定车道，低速缓慢前行。

（4）正确使用车灯。

雾天行车可以开启危险报警闪光灯，以便提示其他车辆、行人避让，这是防御性驾驶引人注意原则的运用。

雾天行车不宜使用远光灯，因为远光灯的光束偏上，射出的光线被雾气漫反射，使车前出现一团白茫茫的景象，造成驾驶员更难以看清路面上的情况。

雾天行车应该开启防雾灯，防雾灯能发出黄色的灯光，黄色的灯光在雾中具有较好的穿透性，可以起到一定的照明效果。

雾霾消退之后，要及时关闭防雾灯。正常气候夜间行驶，不得使用防雾灯，以免造成对向来车驾驶人的眩目。

（5）团雾天气随时调节车速。

雾的分布有些时候是不均匀的，这种雾如同在地面上飘浮的云朵，人们把这种雾称为"团雾"。

由于团雾天气雾在路面上的分布不均匀，车辆在无雾区域车速较快，驶入团雾区域时能见度突然降低，有些驾驶员会立刻采取紧急制动措施，车辆追尾的交通事故就在这瞬间发生了。

在团雾天气行车，要及时觉察前方道路的能见度，根据能见度的变化及时调节车速。当能见度降低，或者看到前方道路的雾加重时，要提前降低车速。

雾天尾随前车行驶，要注意观察前车的制动灯，发现前车的制动灯点亮，后车应该及时做出相应的反应，随时做好制动的准备。

（三）冰冻、雪天和极寒天气驾驶要领

1. 冬季启动发动机的技巧

寒冷的冬季气温低，燃油不易蒸发气化，蓄电池的供电能力弱，发动机内部的润滑油变得黏稠，启动阻力增大，这些都会导致冬季启动车困难。

假如在启动发动机时，将加速踏板完全踩下或者反复踩加速踏板，往往会使启动控制系统的溢油消除功能起作用，从而导致喷油器不喷油，造成不能启动。

启动机工作时，需要几十乃至几百安培的大电流，如果使用不当，很容易造成蓄电池和启动机的损坏，因此要严格按照操作规程使用启动机。

（1）要注意保持蓄电池处于良好的技术状态，当发现蓄电池存电不足时，要及时对蓄电池进行补充充电。

（2）每次接通启动机的时间不宜超过5秒，连续5次不能启动发动机，应该查明原因后再进行启动。

（3）当发动机启动之后，要立即放松点火开关钥匙，使启动机

及时退出工作。在发动机正常运转时,严禁接通启动机。

2. 冰雪道路防止车轮打滑的技巧

汽车在冰雪道路上行驶,车轮容易打滑(图4-48、图4-49、图4-50)。特别是在汽车起步、爬坡时,驱动轮空转,尽管发动机能够提供强劲的动力,汽车却难以移动。

图4-48

图4-49

图 4-50

在冰雪道路上行驶,更能体现防御性驾驶员对不良气候的适应能力。为了防止车轮打滑,可以适当降低轮胎气压,以增加轮胎与地面的接触面积,增强轮胎的抓地能力。轮胎的气压降低之后,轮胎的滚动阻力及变形量都会增大,因此当汽车进入正常路面行驶时,应该把轮胎的气压恢复到正常值。

为了防止汽车在冰雪道路上行驶时车轮打滑,对于乘车人员,如果是前轮驱动的汽车,要让乘员在汽车的前排就座;如果是后轮驱动的汽车,要让乘员在汽车的后排就座。

给车辆换上雪地轮胎,能够起到一定的防滑效果。

冰雪道路行驶,防止车轮打滑最有效的方法是在车轮上安装防滑链(图4-51)。对于防滑链安装,应根据情况现场判定,不一定非要把所有的车轮都安装上防滑链,只在驱动轮上安装防滑链即可。

图 4-51

防滑链固然可以提高车轮的防滑性能，但是在冰雪道路上行驶，仍然要有防御意识。因为，并不是所有的车在冬季都会安装防滑链，要当心没有安装防滑链的车辆与我方车辆相撞，让我方被动成为交通事故的当事人。

并不是安装了防滑链，车辆就安全无事。过快的车速有可能让防滑链甩脱，防滑链对轮胎和路面都有一定的伤害。因此，安装防滑链之后，平路时车速不可超过每小时 30 公里，山区道路应更慢，而且车速要平稳，制动要柔和。在没有冰雪覆盖的路面，可以暂时取下防滑链。

3. 车辆侧滑甩尾的处置技巧

车辆在冰雪、泥泞等湿滑道路上行驶，容易发生侧滑甩尾和摆头的现象。

假如后轮出现侧滑，造成车尾靠向路边，不可急踩刹车，不可猛打方向，那样会加剧车辆甩尾。应该放松油门，利用发动机制动降低车速,同时向侧滑甩尾的一侧平缓地转动转向盘,等到车身顺正之后,再逐渐驶向道路中间。

4. 车辆侧滑摆头的处置技巧

前轮出现侧滑,造成车头靠向路边,不可猛打方向修正,不可急踩刹车,否则会加剧车辆摆头。应该随即停车,然后向后倒车,让车身重新回到道路中间,再接着继续向前行驶。

5. 冬季要防止刮水器冻结

冰雪天气,为了避免刮水器冻结在挡风玻璃上,在收车之后,应采取有效防冻措施,发车前也要进行检查。

(四) 大风和沙尘天气驾驶要领

1. 沙尘天气驾驶要领

如图 4-52 所示,沙尘天气行驶,要保持驾驶室的封闭,不仅要把车门玻璃关闭严密,还要把驾驶室里的空气循环设施设置在内循环的挡位,这样才能防止沙尘侵入到驾驶室内。如果只是关闭车窗玻璃,空气循环设施却设置为外循环,车外的扬尘会通过空调通道进入车内。

图 4-52

行车中对于挡风玻璃上附着的灰尘,不要用刮水器刮除,这样不仅难以清除玻璃表面的尘埃,还会因摩擦使玻璃表面留下磨痕,加剧刮水器的磨损。由于刮水器处于干摩擦,摩擦阻力大,还会导致刮水器电动机的损坏。

2. 狂风天气对行车安全的影响

风向和风力对车辆行驶的稳定性会有一定的影响,特别是大风天气在高速公路、环城快速公路、高架公路上行驶,由于这些公路缺少建筑物的遮挡,行车时风力会更大。

在大风中行驶,当风向与车辆行驶方向相同时,制动距离会相对延长,遇到这种情况要提前采取制动措施。

当风向与车辆行驶方向相反时,由于风的阻力作用,会使车辆的加速性能下降,延缓超车过程,在超车和会车接近障碍物时要考虑到这些因素,做到留有余地。

当大风横向作用于车身时,车辆行驶方向易跑偏。车辆在横风作用下高速转弯行驶,若风向与转弯时产生的离心力同向,容易使车辆侧滑甚至侧翻(图4-53)。车速越快,产生的离心力越大,转弯半径越小,产生的离心力越大,因此,如果是在大风天气中行

图 4-53

车，车速不宜过快，不可猛打方向。

3. 停车躲避暴风的技巧

如果在车辆行驶途中遇到暴风，行进困难，为了确保安全，应该寻找背风处停放车辆。图4-54为避风港。

图4-54

避风处的选择，要避开高大的广告牌、电力变压器等有可能发生危险的地段；在山区或丘陵地带行车，可利用背风的天然地势避风。

如果一时难以找到避风处，停车时要让车尾迎风、车头背风，这样可以减少沙石对车体的损伤，也可以防止汽车被暴风吹翻。如果让汽车的左右两侧迎风，则稳定性差，汽车容易被暴风吹翻。

（五）高温天气驾驶要领

1. 炎热气候行车对驾驶员的影响

夏季驾驶员在高温下体力消耗大，天气炎热易导致夜间睡眠不足，情绪烦躁；部分单位驾驶员要参与施工，休息时间不能完全保障，测井长时间施工后行车，驾驶员精力可能不足，这些都会造成因精神疲倦而打瞌睡，影响车辆安全驾驶。

2. 炎热气候对车辆性能的影响

由于气温高，空气密度变小，降低了充气效率，导致发动机的功率下降。高温时发动机可能出现早燃和爆燃，破坏发动机的正常工作，也会使机件承受额外的冲击载荷而造成损坏。

由于气温高，发动机的冷却系统容易因水温过高而"开锅"；液压制动系统因气阻而使制动不灵；轮胎因温度过高，气压上升而爆裂。

3. 夏季行车注意事项

夏季行车要重点注意以下几个方面的问题：

（1）防暑防疲劳。

夏季长途行车（图4-55），可随车携带一些必要的用品，如防暑药物、遮光眼镜、毛巾、水壶等。出车前还应注意睡眠，以保持充沛的精力。夏季午后的一段时间最为炎热，容易引起疲劳或瞌睡，此时间段押车人员要随时关注驾驶员状态。如果行车中感到视

图4-55

线逐渐变得模糊，反应迟钝或心情烦躁，不能再勉强开车，应当立即停车休息或下车活动，待精力恢复之后再继续行驶。

（2）防止发动机过热。

行车中随时注意观察水温表（图4-56），如果出现发动机水温过高的情况，可以选择阴凉地点停车，掀开发动机舱盖通风散热。注意保持散热器散热片的清洁，及时补充冷却液。散热器"开锅"的时候，应该停车让发动机运转片刻，然后熄火，等到温度下降之后再添加冷却液，否则容易出现活塞在气缸内抱死、激裂气缸体等严重后果。发动机温度过高的时候，不要拧开散热器盖，以免蒸汽喷出烫伤皮肤。

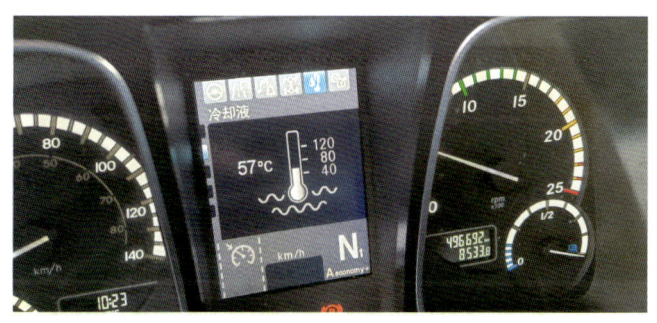

图 4-56

（3）防止轮胎爆裂。

夏季地表温度较高，汽车轮胎与地面接触需要承受地表高温；由于制动的使用，会使制动鼓和轮辋发热；再加上轮胎自身的摩擦，会使轮胎过热，轮胎内气体受热膨胀，当轮胎气压过高时，增大爆胎的概率。因此，在夏季长距离行车的时候，中途要适当选择阴凉地点暂时休息一会儿，等到轮胎温度降低、胎压正常之后再继续行驶，不能采用放气或浇凉水的方法来给轮胎降温。此外，应对轮胎加强检查。

（4）预防空调病。

夏日行车，开启车内空调是常态，密闭的车厢内便充满了凉爽的空气。这有可能造成人体渐渐感到疲倦乏力，继而出现不同程度的手足麻木、头痛、咽喉疼痛及胃肠不适等空调病症状。为了预防空调病，在使用车内空调时，不要把制冷强度调得过大，要根据车外气温来调节车内空调，内外循环应合理交替使用。

（六）夜间驾驶要领

车辆在夜间行驶过程中，外部环境变化可导致驾驶员无法清晰观察车辆周围情况，夜间光照因素导致的可视距离不足（图4-57）。夜间行驶遇照明不良路段时，驾驶员应保持精力集中，谨慎驾驶，避免交通事故。

图4-57

（1）严禁超速，遇地面积水反光、隧道出入口等明暗快速变化路段，以及弯道、坡路、桥梁、窄路等视距不足路段时，提前减速，适度加大行车间距。

（2）路灯照明良好的情况下关闭远光灯，使用近光灯，保持视线远离对向来车的明亮光线，避让路边行人与非机动车。如对向来车使用远光灯，影响自车观察路况时，变换远近光灯，提醒对方及时变换近光灯。

（3）车辆超车时，提前开启转向灯，变换远近光灯提醒前车驾驶员，仔细观察周围情况，在保证安全的前提下，稳妥超越前车。完成超车后，观察周围交通状况，在确保安全的情况下，驶回原车道。

（4）夜间山区道路在弯道前提前减速闪烁远光灯、鸣笛提示。

（5）夜间在市区道路行驶时要降低车速，注意周围阴暗处的行人电动车，例如立交桥下、昏暗的绿化带周围等。

（6）夜间注意观察交通标志，及时识别陡坡、急弯、窄路、窄桥、临水临崖等复杂路面情况，提前采取减速、制动、变换挡位等措施。

注意事项：

① 驾驶员在出车前，要检查照明、喇叭、空调、除雾等装置，确保功能良好。

② 夜间行驶过程中，遇暴雨、暴雪、团雾等恶劣天气时，应就近选择安全区域停车避险，耐心等待暴雨、暴雪停止或大雾散去，待视线恢复后再行车，切忌冒险驶入低能见度区域。

③ 控制夜间行驶时长，因为夜间更容易疲劳。夜间行车每次停车休息时间要适当延长。

（7）驾驶员要知晓夜间行车时段，制订夜间行车风险控制措施和升级审批程序，管控夜间行车风险。

（8）当夜间行驶或者在容易发生危险的路段行驶，驾驶员应当降低行驶速度。行至危险路段时，应有人下车查看，指挥通过，不得冒险行车。

三、五大特殊路段驾驶要领

（一）山路和乡村道路驾驶要领

典型山路事故有山路弯道事故（图4-58）、刹车失灵事故（图4-59）、坠崖事故（图4-60）。

图4-58

图4-59

图 4-60

1. 山路弯道事故预防方法

入弯前观察弯道限速标志，有限速标志的弯道，将车速降低到限速标志要求的速度以下，无限速标志的弯道，进入弯道前速度降低到每小时 15 公里以下。

在入弯前 3~4 秒鸣笛 1 次，在进入弯道时再鸣笛 1 次，如果弯道较长，连续短促鸣笛，驾驶员应探身，以获得更大的视野（图 4-61）。

图 4-61

2. 刹车失灵事故预防方法

（1）观察坡道的陡峭程度和长度。

（2）使用低速挡（图 4-62）。

图 4-62

（3）使用排气制动或其他缓速装置减速。

（4）避免长时间踩刹车。

3. 坠崖事故预防方法

（1）在非弯道、非会车时，选择道路中间通行（图 4-63）。

图 4-63

（2）遇到前方路面有障碍物的情况（山体滑坡、路面坑洼），不要贸然绕行，应下车查看道路两侧情况。

（3）下雨和雨后，避免在山路行驶。

（4）当悬崖侧路况不明时，应靠近山体一侧通行。

（二）沙漠道路驾驶要领

1. 沙漠公路驾驶要领

（1）提前查看天气预报和预警，风力大于6级禁止行车。

（2）控制车速不超速。

（3）驼峰路禁止超车，驼峰路进入坡顶前要减速、鸣笛、变换远近光（夜间）以提醒对向车辆（图4-64）。

图 4-64

（4）夏季驾驶要周期性查看仪表发动机冷却液温度。

（5）放眼远方，若看到路面流沙，应提前减速至每小时30公里以下。

2. 沙漠沙地驾驶要领

（1）工程车不得进入沙漠，人员应乘坐专用沙漠车辆进入沙漠（图4-65）。

（2）仪器车进入沙漠前，查看风向，迎风面沙粒较硬，背风面沙粒较软，查看沙粒软硬度，根据沙粒软硬度调整轮胎气压，如沙粒硬度较大，轮胎不需要放气或少量放气，如沙粒硬度较小，轮胎必须进行放气，获得更大抓地力，仪器车在沙漠爬坡前，轮胎进行放气，观察轮胎扁平度，获得最大接触面积，增大抓地力，仪器车在坡顶准备下坡前，轮胎需进行充气，仪器车在沙漠下坡前禁止空挡，使用低速挡。

图 4-65

（三）高原缺氧路段驾驶要领

（1）驾驶员返回高原地区工作岗位后，严格监控身体状态，若身体有明显的高原反应，不得驾驶车辆。

（2）在高原地区驾驶车辆前应充足休息，根据情况配备氧气罐（图 4-66）。

（3）高原地区车辆动力性能降低，上陡坡前要充分了解车辆性能。

（4）高原地区沸点低，注意车辆水温，防止冷却液沸腾喷出。

（5）青海油田油区山路多、路况差，要迅速准确地换挡。

图 4-66

（四）隧道和桥梁路段驾驶要领

1. 隧道路段驾驶要领

（1）进入隧道前提前减速，保持合理的视线距离（图 4-67）。

（2）进入隧道前开启近光灯。

图 4-67

（3）隧道内禁止超车。

（4）隧道内严禁停车。

（5）根据隧道内的限速标志降低车速。

2.桥梁路段驾驶要领

（1）桥梁上禁止超车（图4-68）。

图4-68

（2）桥梁上注意横风。

（3）桥梁弯道注意视距，如视距缩短应减速。

（4）桥梁弯道注意车速，防止侧滑和侧翻。

（五）涵洞及雨后涵洞风险

涵洞内照明环境差，视线不佳，容易产生追尾事故，或车辆限高掀顶事故。下雨或雨后的涵洞内易积水，陷车或发动机进水风险较大（图4-69）。

涵洞驾驶要领：提前减速，打开近光灯，适当鸣笛。

雨后涵洞驾驶要领：提前减速，放眼远方观察涵洞内积水情况，对比侧壁标注的水位高度标线。

如果情况不明，立即停车，不可贸然驶入涵洞。

第四章 防御性驾驶要领

图 4-69

第五章 典型危险驾驶行为的危害与防范要领

一、分心驾驶的危害与防范要领

（一）分心驾驶的危害

据美国国家公路安全管理局（NHTSA）《交通安全事实 2019》，2019 年所有交通致命事故中有 7% 与分心驾驶有关，比 2018 年增加 9.9%。

分心驾驶分为视觉分心、动作分心和认知分心三种类型。

（1）视觉分心：驾驶员的视觉从道路信息中移开，例如目光凝视与驾驶无关的事物（图 5-1）。

图 5-1

（2）动作分心：把手从方向盘移开，做一些和驾驶安全无关的事情，例如拿取物品（图5-2）。

图 5-2

（3）认知分心：心中想一些和驾驶无关的事情，例如思考生活中的琐事等（图5-3）。

图 5-3

（二）分心驾驶的防范要领

（1）端正驾驶态度，拒绝侥幸心理（图5-4）。

图 5-4

（2）车内整洁，不放置物品，避免视觉分心，将手机、水杯等物品放置在远离驾驶座位的储物空间内。

（3）不思考与驾驶无关的事情。

二、疲劳驾驶的危害与防范要领

（一）疲劳驾驶的危害

驾驶员因疲劳驾驶造成车祸伤亡人数超过其他驾驶行为1倍以上（依据Dean对美国犹他州的统计）。根据NHTSA的数据，美国2017年疲劳驾驶导致至少91000起车祸，造成大约50000人受伤和800人死亡，大约21%的致命车祸涉及一个昏昏欲睡的驾驶者。

疲劳驾驶时，驾驶员易进入微睡眠状态（图5-5），汽车容易偏离道路或与另一辆车相撞。

睡眠不足会导致类似于醉酒的精神障碍，这种损害使人对周围环境的注意力降低，更容易分心。

图 5-5

疲劳导致驾驶员的反应时间变长，使驾驶员更难识别道路上的危险。

（二）疲劳驾驶的防范要领

（1）长途行车提前做好出行计划：选定路线、分配驾驶时间、制订休息地点。

（2）长途出行前保证 7~9 小时的连续睡眠。

（3）避免在凌晨和午后驾驶车辆。

（4）连续驾驶 2 小时后，应在安全的地点停车休息至少 20 分钟。

（5）午餐控制饮食，避免过量食物、油腻食物的摄入。

（6）午餐后午睡至少 20 分钟。

（7）如果条件允许，轮流驾驶。

（8）押车人员履行押车职责，及时发现驾驶员疲劳情况，督促停车休息。

三、酒后驾驶的危害与防范要领

（一）酒后驾驶的危害

（1）视觉障碍，视力降低、视野缩小、视像不稳，难以发现交通信号、标志。

（2）运动反射神经迟钝，操作车辆方向盘、挡位的动作迟缓。

（3）触觉能力降低，踩踏刹车踏板、油门踏板的深度和力度的触觉能力低。

（4）疲劳困倦，驾驶车辆的时候更容易睡着。

（5）头脑不清醒，对中枢神经有麻醉作用，导致大脑的分析能力、判断能力、思考能力和注意力降低。

（二）酒后驾驶的防范要领

（1）端正态度，拒绝酒驾。

（2）避免侥幸心理，开车不喝酒，喝酒不开车（图5-6）。

图 5-6

(3)同行人应积极劝阻酒驾行为(图5-7)。
(4)过量饮酒后,24小时内不得驾驶车辆。

图 5-7

四、药物驾驶的危害与防范要领

(一)药物驾驶的危害

在服用影响驾驶安全的药物(感冒药、安眠药等)后,易产生如下症状:

(1)易困倦、眩晕(图5-8)。
(2)视线模糊。
(3)反应迟缓。
(4)幻觉或快感。

(二)药物驾驶的防范要领

(1)职业驾驶员就医时,应主动告知医生自己的职业。
(2)身体不适应主动向上级汇报。

图 5-8

（3）如服药，应仔细查阅药品说明书。

（4）如药品说明书标明此药对驾驶有影响，则不得驾驶车辆或操作机械设备。

（5）远离毒品，毒品会使人的中枢神经系统过于兴奋，产生幻觉等不利于安全驾驶的表现（图5-9）。

图 5-9

五、路怒的危害与防范要领

（一）路怒的危害

（1）因为焦躁而不停地鸣笛，易引发别人愤怒（图5-10）。

图 5-10

（2）报复他人，强超、会车前抢行、别车导致事故发生。

（3）有打人的冲动，驾驶车辆说不文明用语，与车内乘客或车外人员发生争执而引发事故。

（二）路怒的防范要领

（1）不主动造成冲突：不快速变道插队、不在快车道慢行车、不跟车太近、不随意鸣喇叭、不随意做引起误解的手势。

（2）不扩大冲突：不下车对峙、不目光直视，可以寻求帮助。

（3）保持良好心态：谦让为先、忘记胜负、换位思考。

（4）发怒前，停6秒问自己以下3个问题：

① 引起愤怒的直接和间接原因是什么（都是别人的错吗）？
② 我的反应是什么（情绪脑），我为什么有这么大的反应？
③ 这个反应会让双方谁受益，我的结果会是什么（调动理性脑）？

第六章　道路应急情况的处理要领

一、事故后的正确流程处理要领

事故后的正确流程处理要领如下：

（1）发生交通事故的车辆须立即停车，并关闭发动机，切断电源，拉紧驻车制动器，为防止引发第二次事故或造成交通堵塞，驾驶员应立即开启危险报警闪光灯，放置警告标志（图6-1）。

图 6-1

（2）停车后应首先了解事故情况，检查有无伤亡人员，如有受伤人员，应立即拨打电话报警，同时向事发单位报告，并拨打保险公司电话报案。

（3）观察和判断伤者的伤情，进行适当的施救。施救前人员撤离到安全位置。

（4）若驾驶员受伤，尽量平复情绪，拨打报警电话，告知事发情况及伤情。如有可能，同时向事发单位报告。

（5）放射源与火工品的应急处置：如发生车辆着火，救火的同时，将放射源、火工品等危险品搬离着火车辆，人员撤离到安全位置。

（6）事发后要正确保护好事故现场，通过拍照、标注记录车辆、伤员、痕迹、血迹及散落物的位置。

（7）事件报告要求：事件信息准确、完整，事件内容描述清晰。事件报告内容主要包括单位名称、地址、性质；事件发生时间、地点、已经造成或者可能造成的伤亡人数（包括下落不明、涉险的人数）等。

二、爆胎后的紧急处理要领

爆胎后的紧急处理要领如下：

（1）发现爆胎（图6-2）后，驾驶员应紧握方向盘，缓慢制动减速，极力控制行驶方向，尽快驶离行车道。驶离主车道时，不可采用紧急制动，以免造成交通事故。

图6-2

（2）后轮胎爆裂时，驾驶员应保持镇定，双手紧握方向盘，极力控制车辆保持直线行驶，减速停车。

（3）前轮胎爆裂时，应双手紧握方向盘，松抬加速踏板，极力控制车辆直线行驶。前轮爆胎时，危险较大，驾驶员一定要极力控制方向盘，迅速抢挂低速挡。前轮爆裂已出现转向时，驾驶员不要过度矫正，应在控制住方向的情况下，轻踏制动踏板，使车辆缓慢减速。

（4）轮胎气压过低时，高速行驶轮胎会出现波浪变形，温度升高而导致爆胎。

（5）避免爆胎的正确做法是定期检查轮胎，及时清理轮胎沟槽里的异物，更换有裂纹或有损伤的轮胎。

三、行人、非机动车和动物突然侵入的处理要领

（一）驾车突然遇到行人或非机动车窜出处理要领

（1）开车经过路口时，观察其他机动车及行人动向，提前降低车速、备刹，如果对方没有发现自己的车辆，可按喇叭提醒，同时密切关注对方动向。图6-3为注意行人标识。

图6-3

（2）经过十字路口时不抢黄灯，一旦遇到突发状况，速度过快根本来不及反应，尤其路口更要注意减速、慢行。

（3）开车出现盲区时必须减速、备刹，观察无异常后再通行。

（4）临时停车，开车门前，要观察后方非机动车和行人的动态。

（二）驾车遇到动物突然窜出的处理要领

（1）在空旷的路上，周围没有车辆和行人，突然窜出动物，应握紧方向盘，缓慢减速（图6-4）。

图 6-4

图 6-5

（2）如果左右两边、后边都有来车，则切勿急打方向躲避，应保持原车道减速行驶，以免因猛打方向发生翻车事故。

（3）如果在行车路上发现动物的尸体，或者不慎撞死撞伤动物，可以报警处置，如果撞到体型较大的动物，停车检查自己的车辆有无损坏，确定是否通知保险公司。图6-5为注意牲畜标志。

四、其他车辆突然侵入后的处理要领

（1）及时观察异常车辆的行驶状态，了解其行驶方向和速度等

信息。

（2）及时减速或停车，保持足够的安全距离，避免发生碰撞。

（3）应该及时使用车灯、喇叭等警示其他车辆，提醒其注意避让。

五、车辆打滑、侧滑的应急处理要领

图6-6为易滑标识。车辆打滑、侧滑的应急处理要领如下：

（1）车辆打滑时，慢慢抬起油门踏板，握紧方向盘，根据侧滑时车身摆动的方向调整车身，避免进一步侧滑，车身稳定后再继续行驶。

易 滑

图6-6

（2）如果侧滑是由转向引起的，不要使用制动器和急打方向，这样会发生较大的侧滑。在确保安全的情况下，及时停车，检查车辆，查找原因。车辆转弯时，速度越快，离心力越大，车辆很容易侧滑。

（3）如果侧滑是由制动引起的，应立即停止制动，同时将方向盘转向侧滑一侧。待车辆恢复到稳定状态后，再继续行驶。

（4）汽车在附着力低的道路上行驶时，尤其是刚开始下雨时，灰尘很容易与雨水形成泥浆，车辆容易打滑。车辆在泥泞道路上制动或急转弯时，容易方向失控，导致侧滑、侧翻、发生碰撞。在泥泞的道路上行驶，上坡时应低速行驶，少转弯；下坡时不能紧急制动，应缓慢刹车，并酌情利用发动机阻力控制车速。

（5）发生侧滑时，尽量避免使用刹车，使用发动机扭力减速。如果是制动引起的，立即停止制动。如果车辆向左滑动，请向左转动方向盘，反之亦然。但是动作不要太大，否则会向反方向打滑，尽量避免用手刹制动。

六、刹车失灵后的应急处理要领

刹车失灵后的应急处理要领如下：

（1）保持冷静：在发现刹车失灵时，驾驶员首先要做的是保持冷静，不要惊慌失措（图6-7）。

图6-7

（2）控制方向和油门：在保持冷静的情况下，驾驶员需要控制好车辆的方向，同时收回油门，降低车速。

（3）打开警示灯：当车辆失去了刹车功能后，驾驶员需要打开车上的双闪报警灯以便引起后车司机的注意。

（4）轻拉手刹：驾驶员可以轻拉手刹，然后反复使用这个动作来使车辆逐渐减速。切记不可一下将手刹车拉死，否则容易将后轮抱死而导致车辆失控。

（5）紧急停车带：如果车辆行驶在高速公路上出现刹车失灵，驾驶员可以观察路边是否有紧急避险车道，在能保障安全的情况下，可驶入紧急避险车道。

第六章 道路应急情况的处理要领

七、落水、落沟和翻车的应急处理要领

（一）落水应急处理要领

图 6-8 为车辆落水现场。

图 6-8

车辆落水应急处理要领如下：

（1）保持清醒的头脑。汽车刚落水，车内不会很快被水填满，有几分钟的逃生时间，当事人此时不要惊慌，应迅速辨明自己所处的位置，确定逃生方法。

（2）尝试推开车门。汽车刚落水时，车门很难打开。一是因为汽车入水之前的冲击极有可能使车门变形而打不开；二是因为汽车外部水的压力较大，车门向外推不开。等待水从车的缝隙中慢慢涌入，车内外的水压平衡后，即可打开车门逃生。

（3）通过车窗逃生。如果车门打不开，将车窗玻璃摇下来，用脚踹或敲碎侧窗玻璃，钻出车外。

（4）尽快浮上水面。如果驾驶员不会游泳，离车前应在车内找一些能浮的物件抓住。如果有条件，可找大塑料袋套在头上，将脖子扎紧，塑料袋内的氧气供上浮时使用。

（5）过程中当事人调整自己的呼吸很重要。始终要将口鼻保持在水面之上，当车内的水深度接近头部时，做几次深呼吸，然后出车。

（二）落沟应急处理要领

图6-9和图6-10为车辆落沟现场。

图6-9

车辆落沟应急处理要领如下：

（1）保持冷静。车辆掉进沟里会让人感到惊慌，但是应该保持冷静，分析情况，采取正确的措施。

（2）关闭车辆引擎。如果车辆掉进沟里，应该立即关闭引擎，切断电源，以避免燃油泄漏和车辆起火。

图 6-10

(3)人员应该立即撤离到安全位置。

(4)立即拨打救援电话,通知相关部门进行救援。电话中应告知车辆是否倾斜、是否漏油、是否受损等,以便救援人员更好地了解情况,采取合适的措施。

(5)在确保自身安全的基础上,展开自救。

(三)翻车应急处理要领

图 6-11 为翻车现场。

翻车应急处理要领如下:

(1)保持冷静勿轻举妄动,以免过度惊慌犯下致命错误。

(2)翻车后应立即关闭引擎、切断电源,以免发生燃烧、爆炸等危险。

(3)车门变形导致无法打开,可以选择敲碎玻璃逃生。

(4)车辆发生侧翻,乘客需要从对侧座位逃出,从而避免二次翻滚。

(5)逃生后一定要先观察周围,确定安全后再出去,尤其是在高速公路上,一定要到护栏外侧,尽量远离事故现场,确保自身的安全,避免二次事故的发生。

图 6-11

第七章 车辆的安全检查

一、出车前的车辆（车周、车身和机舱）检查要领

出车前的车辆（车周、车身和机舱）检查要领如下：

（1）检查燃油、机油和冷却水是否加注足，并检查有无漏水、漏油、漏气现象。

（2）检查蓄电池的电量是否充足，电解液液面高度是否符合要求，安装是否牢固，连接极柱导线、搭铁线是否紧固可靠；检查点火系高低压导线、电气设备导线连接处是否有松动、松脱等现象。

（3）检查轮胎气压是否符合规定，视需要予以补足；检查轮胎花纹之间有无夹持石块、锐利物等（图7-1）。

图7-1

（4）检查转向器有无故障。转动方向盘时，是否出现卡滞、松脱、松旷等现象；横直拉杆两端球头销是否出现卡滞、松旷等现象。

（5）检查制动系统有无故障（图7-2）。踩下制动踏板，检查

制动系统是否出现漏气、漏油等现象；检查制动是否有效；检查制动踏板自由行程及连接传动部分有无松脱，开口销是否安装可靠。

图 7-2

（6）检查喇叭、灯光、刮水器是否有效，检查后视镜位置是否适当；检查挡风玻璃是否清洁明晰。其中，灯光部分应检查远光灯、近光灯、防雾灯、转向灯、制动灯、尾灯、紧急双闪灯等是否齐全有效。

（7）如有载物，应检查载物配装是否安全，重量分布是否均衡，捆扎是否牢固，不能超长、超宽、超高、超重。检查源仓报警器工作正常。

（8）检查随车工具及维修简易备件是否携带齐全。冰雪天气携带防滑链。

（9）带齐所有证件，以备汽车行驶途中随时接受交通管理机关的检查。证件包括：汽车驾驶证、行车证、公路养路费凭证、营运服务证等。

二、出车前安全带及座舱内安全检查要领

出车前安全带及座舱内安全检查要领如下：

（1）最好是找专业人士进行检查，主要检查外观（织带）是否有破损、插锁锁止是否灵活可靠。

（2）卷收器卷收是否有力，卷收器锁止（带感——拉带子时突然加速）是否灵敏可靠，也可以利用刹车检查卷收器是否锁止。

（3）安全带的检查和使用。

经常检查座椅安全带的状态，如有损坏及时更换（图7-3）。座椅旁边地板上所有固定座椅安全带的螺栓都应按规定拧紧，螺栓周围应涂上密封胶。

图7-3

三点式腰部安全带应系得尽可能低些,系在髋部,不要系在腰部;肩部安全带不能放在胳膊下面,应斜挂胸前,不能勒住脖子。安全带只能一个人使用,严禁双人共用。不要将安全带扭曲使用。正确系安全带如图 7-4 所示。

图 7-4

不要让安全带压在坚硬的或易碎的物体上,如衣服里的眼镜、钢笔或钥匙等;也不要让安全带与锋利的刃器摩擦,以免损伤安全带;不要让座椅靠背过于倾斜,否则安全带将不能正确地伸长和收卷;座椅上无人时,要将安全带送回卷收器中,以免在紧急制动时扣舌撞击在其他物体上。

安全带必须与座椅配套安装,不得随意拆卸。如果安全带在使用中曾承受过一次强拉伸负荷,即使未损坏也应更换,不得继续使用。

附表　中油测井车辆限速规定〔2022〕147号

分类		说明	限速（公里每小时）
载客汽车	大型	车长大于或等于6米或乘坐人数大于或等于20人的载客汽车	100
	中型	车长小于6米且乘坐人数为10~19人的载客汽车	100
	小型	车长小于6米且乘坐人数小于或等于9人的载客汽车，不含微型载客汽车	120
	微型	车长小于或等于3.5米且排量小于1升的载客汽车	120
载货汽车	重型	最大允许总质量（以下简称"总质量"）大于或等于12吨的载货汽车	80
	中型	车长大于或等于6米或总质量大于或等于4.5吨且小于12吨的载货汽车，但不包含低速货车	80
	轻型	车长小于6米且总质量小于4.5吨的载货汽车，但不包含微型载货汽车和低速货车	80
	微型	车长小于3.5米且总质量小于1.8吨的载货汽车，但不包含低速货车	80
生产车辆		测井车、测井工程车、吊车等专项作业车辆；微型、轻型、中型及重型货运车辆；放射性物品、民爆物品、危险化学品等危险货物运输车辆	80